新概念家居设计

轻奢时代

理想·宅 编

U0351714

化学工业出版社

·北京·

参与本套丛书编写的人有：（排名不分先后）

叶 萍	黄 肖	邓毅丰	张 娟	邓丽娜	杨 柳	张 蕾	刘团团	卫白鸽
郭 宇	王广洋	王力宇	梁 越	李小丽	王 军	李子奇	于兆山	蔡志宏
刘彦萍	张志贵	刘 杰	李四磊	孙银青	肖冠军	安 平	马禾午	谢永亮
李 广	李 峰	余素云	周 彦	赵莉娟	潘振伟	王效孟	赵芳节	王 庶

图书在版编目(CIP)数据

新概念家居设计.轻奢时代 ／ 理想·宅编.－北京：
化学工业出版社，2015.1
ISBN 978－7－122－22278－7

Ⅰ．①轻… Ⅱ．①理… Ⅲ．①住宅－室内装饰
设计－图集 Ⅳ．①TU241－64

中国版本图书馆CIP数据核字（2014）第258578号

责任编辑：王斌 邹宁 装帧设计：骁毅文化

出版发行：化学工业出版社(北京市东城区青年湖南街13号 邮政编码100011)
印 装：北京瑞禾彩色印刷有限公司
787mm×1092mm 1/16 印张10 字数260千字 2015年1月北京第1版第1次印刷

购书咨询：010-64518888 (传真：010-64519686) 售后服务：010-64518899
网 址：http://www.cip.com.cn
凡购买本书，如有缺损质量问题，本社销售中心负责调换。

定 价：49.00元 版权所有 违者必究

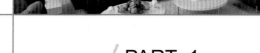

目录

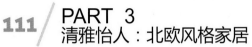

目录

走进轻奢时代 家是风情后花园

　　轻奢，是以优雅精练、永不过时的设计，传递一种低调内敛、有独特见解的生活态度。越来越多的人，开始将轻奢主义搬到家中演绎。因为再奢侈的犒赏也无法释放内心的压力，所以放松自己首先要从心开始。比如起床时，别急着洗脸刷牙，先坐在飘窗前的地板上，沐浴一会儿晨光；比如闲暇时刻，暂时忘掉工作，坐在家中的吧台给心灵放20分钟的假；比如家中不再是华丽丽的堆砌，而是成为承载个人独特品位、生活阅历与人生智慧的空间……这样的空间不仅风情无限，亦能令人走进优雅、精致的轻奢时代。

旖旎风情：现代华丽风格家居 PART 1

风情安娜·苏
CUSTOMS ANNA SU

设计师简介

老鬼

高级室内建筑师、全国百名优秀室内建筑师

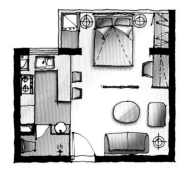

户型档案

户型结构：一室一厅

项目面积：41㎡

设计师：老鬼

主要材料：玻璃、壁纸、马赛克等

BETTER DESIGN, BETTER LIFE.

设计让
生活更美好

"安娜·苏"作为女性品牌及时尚的代名词，第一眼看到她就会被那抢眼、近乎妖艳的色彩震撼，更会迷醉于她独特的、蕴涵巫女般迷幻魔力的风格之中。家居中如果融入"安娜·苏"风情，既不失实用性，又能展现居室的独特魅力，张扬居者的个性。

本案以展示女性魅力为设计目的，以柔和的曲线及现代简洁花纹为主要元素，配合玻璃、马赛克、韩式壁纸、金丝线帘等现代材质，赋予明快的色调，表现出一个浪漫、精致的"安娜·苏"风情之家。

1. 空间的面积不大，却十分抢眼，这体现在绚丽、明亮的色彩，通透的隔断，以及透明玻璃的运用之上。

2. 空间没有做任何的硬性隔断，而是利用地板的变化、镂空隔断、纱帘、玻璃等软隔断来进行空间的区分，既有放大空间的功效，又独具创意。

3.卧室与厨房之间设计了一处小吧台，为家居环境注入了悠然自得的姿态。
4.卫浴的设计十分大胆，采用透明玻璃代替实体墙，充满不落俗套的叛逆理念。

1. 客厅的一隅被绚烂的色彩笼罩，竖条纹的橘色壁纸为居室带来暖意无限的氛围，树叶图案的沙发及柔软的地毯更是为空间注入唯美的情怀。

2. 仅仅用造型简单的桌椅及搁板、装饰，就营造出一个美观与实用并存的区域。

3. 卧室背景墙用镂空密度板加花色缤纷的窗帘做装饰，营造出浪漫、雅致的视觉效果。

4. 从厨房的角度远观卧室，更能将空间的精致一览无余：浓淡相宜的色彩、曼妙的纱帘……无不将设计的用心体现得恰到好处。

5. 卫浴间用玻璃和小尺寸釉面砖来打造，既有玻璃带来的通透视觉感受，又用釉面砖降低了空间的轻纱虚浮感。

居室的面积有限，因此利用巧妙的隔断及精巧的工艺品来化解空间的缺陷。

FAMILY ADORNMENT CLASSROOM

家装课堂

现代华丽风格的家居，首先色彩要跳跃出来。高纯色彩的大量运用，大胆而灵活，不单是对现代华丽风格家居的遵循，也是个性的展示。如可以多运用一些红橙色系，这类色彩张扬而不夸张；此外，对比色彩、多色彩搭配使用的设计手法，也是现代华丽风格色彩搭配的常用手段。

丰富的装饰带来跳跃的视线

花朵图案的装饰画与树叶图案的壁纸搭配得相得益彰，极具艺术效果的烛台成为空间的视觉中心。

1. 色彩绚丽的抱枕点亮了空间，为白色床品营造的卧室带来了更为美艳的容颜。

2. 时尚的床头灯与花色窗帘搭配得恰到好处，为净白的空间营造出绚烂的表情。

3. 沙发旁的灯具十分具有艺术感，告别了普通的材质，仿皮毛的质地令灯光更加柔和。

4. 木色的地板为家居环境注入自然的质朴气息。

都市轻音乐
CITY LIGHT MUSIC

设计师简介

吴苏洋

世之鼎公司资深设计师

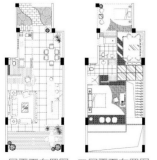

一层平面布置图　二层平面布置图

户型档案

户型结构：复式

项目面积：133 ㎡

设计师：吴苏洋

主要材料：聚晶玻璃、红橡木、大花白大理石、
　　　　　木地板、地毯、不锈钢等

BETTER DESIGN,
BETTER LIFE.

设计让生活更美好

　　车水马龙的街头，孜孜杂乱的鸣笛，很快都被夕阳拉得婀娜万分，都市就这样轻轻地披上黑色的风衣。点亮家中高雅的黄色灯光，弥漫在空间的每一个角落。而淡淡的音乐，就在耳旁萦绕缠绵……

　　本案的风格简洁明快中不失优雅、时尚。萨克斯演奏台成为提亮居室的点睛之笔，美化空间的同时，也为居室带来了高雅的格调，令家居环境弥散出艺术的质感。

1. 色泽鲜艳的条纹沙发与欧风装饰屏风共同为居室演绎出浓郁的时尚风情。

2. 洁净的大花白石材、透光的玻璃和厚钢板造型的楼梯扶手与客厅大面积的红色相互映衬，营造出时尚前卫的生活情趣。

3. 楼梯、吧台、电视台三位一体的造型成为整个居室的视觉中心。

4. 将地面抬高，形成一个萨克斯演奏台，并以可扶可坐的矮栏杆相分隔，使其成为客厅的另一个焦点，让悠扬的乐声弥漫到整个大厅。

1. 餐厅背景墙上做了一组木饰面的构成造型，使得空间上更加通透明快，光影相随。

2. 开放式的厨房使辛劳的主妇在烹饪佳肴时，与客厅里的家人有了更多的交流与情感上的互动。

3. 透明的大落地窗使整个主卧的空间非常通透，座椅与小茶几的搭配又令空间极富情调。

4. 主人房的面积较大，因而将衣帽间、洗漱台、卫浴间做成相互独立的空间，使得生活流线相对合理而空间上又显得丰富。

5. 主卧中加入视听与工作区域，令居室的实用与休闲功能并存。

2. 实木装饰架上摆满了主人收藏的各种车类模型，既有装饰效果，又能体现出业主的兴趣爱好，增加与来客的谈资。

1. 白色乳胶漆、厚钢板与玻璃的搭配融合，令楼梯空间呈现出刚柔并济的独特效果。

3. 利用有限的空间分隔出一处休闲意味浓郁的小书房，令居室充满温情；报纸图案的沙发座椅充满了艺术感，旁边造型独特的书架与之相辅相成，共同为居室带来独具韵味的格调。

4.洗漱区与如厕区做了干湿分离，方便了日常生活。

5.白色的沙石与红色的金鱼非常具有视觉冲击力，为空间注入灵动的表情；柔和的灯光又很好地中和了暗色木纹装饰板的沉闷感；整个空间设计得颇具趣味性。

苏醒的律动
WAKEING RHYTHM

设计师简介

由伟壮

由伟壮装饰设计创办人、IFDA 国际室内协会注册高级设计师

一层平面图

二层平面图

户型档案

户型结构：别墅

项目面积：270 ㎡

设计师：由伟壮

主要材料：大理石、硬包、贝壳幻彩马赛克、雪弗板雕刻、黑镜、饰面板、墙纸、10mm 钢化玻璃等

BETTER DESIGN, BETTER LIFE.

设计让
生活更美好

迟日江山丽，春风花草香。看那柔嫩的小草在春风里轻轻舞蹈，听那涔涔的流水唱着动听的歌谣。春天就像苏醒的律动在耳边回响，不再想前尘过往、岁月离殇，只在家中享受无忧无虑、静如止水的时光……

本案用一种淡雅的浅灰色调作为整体基调，却用绿色贯穿整个空间，令居室仿若有了一种春意的萌动，婉转出一段苏醒的旋律。

1. 华丽晶莹的圆形水晶吊灯、一层过道上方波浪形的吊顶造型、茶镜铺贴、带玻璃护栏的半封闭式实木扶手楼梯……，无不给整个空间带来一种优雅的气息。

2. 大面积的落地窗给居室带来很好的光感，素雅的色彩为居者带来良好的视觉感受。

3. 沙发靠垫上的叶子装饰与过道处雪弗板上的树枝造型遥相呼应。纵观整个设计，每处都有绿色的元素贯穿其中，不管是植物也好、色彩也好，给人带来一种来自生命的纵深感。

4. 楼梯过道的马赛克拼贴图案为居室带来时尚的气息。

1. 餐厅临近厨房，既方便上餐，又容易打扫，是一条高效的家务动线。
2. 餐厅背景墙被设计成一处展示空间。玲珑的工艺品彰显出主人的品位，镜面装饰则起到了放大空间的功效。
3. 黑白相间的厨房因为烛台与咖啡过滤器的加入，而彰显出一种高雅的格调。

4. 书房的设计简洁，除了使用的书桌椅及书架之外，没有多余的摆设，呈现出整洁利落的容颜。

5. 主卧室在色彩与装饰上都与客厅吻合，有着一脉相承的设计手法。

6. 卫浴通透明亮，同色系的釉面砖不仅用来装饰墙面，也铺贴了地面。为了避免单调，小范围地使用了马赛克瓷砖来调动整体空间的氛围。

餐厅桌面上的鲜花成为
空间中的亮点，将居室
装点得异常美丽。

FAMILY ADORNMENT CLASSROOM

家装课堂

由于现代风格一般线条简单、装饰元素少，而现代华丽风格在保持简洁的基础上，又不宜过于单调，因此现代华丽风格的家居需要完美的软装配合，才能显示出美感。例如，沙发需要靠垫、餐桌需要餐桌布、床需要窗帘和床单陪衬等，软装到位是现代华丽风格家居装饰的关键。再比如一张沙发一个茶几一个电视柜，虽然组合得十分简单，但如果加入超现实主义的无框画、金属灯罩、玻璃杯等简单的装饰元素，就能构成一个令人过目不忘的客厅空间。

设计师语录

一个空间不仅仅是一个完美的建筑，一幅精美的画作；当它能让你的内心变得柔软的时候，它是诗，是居者心灵的吟咏与歌唱。

变奏曲之家
HOME VARIATION

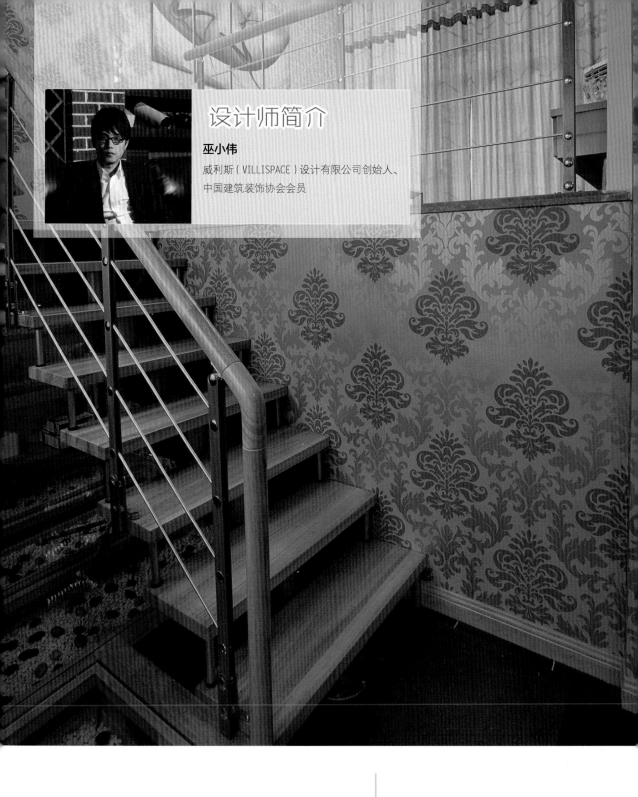

设计师简介

巫小伟

威利斯（VILLISPACE）设计有限公司创始人、
中国建筑装饰协会会员

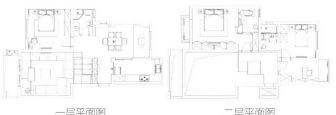

一层平面图　　　　　二层平面图

户型档案

户型结构：跃层
项目面积：165 ㎡
设计师：巫小伟
主要材料：实木板、仿古砖、墙纸、
　　　　　釉面砖、玻璃等

BETTER DESIGN,
BETTER LIFE.

设计让生活更美好

音乐中的变奏，由舒缓到激昂，由欢快到悲戚，极端的转变中，又有着和谐的过渡，如此多样的情绪，令人也不禁随着或舞之蹈之、或忧之叹之。家中的低调华丽感，与此乐风不谋而合，牵动起风云迭变、暗潮涌动的创意无限。

本案为典型的复式住宅，底层为公共区域，包含了客厅、餐厅、厨房，上层为主人私密空间。门厅一边安置了鞋柜，一边则采用雕花，玄关处同样为收纳柜，并采用饰面板装饰，令整套方案既充满创意，又有着低调的华丽。

1. 家中的餐厅不仅是用餐之地，还是一个小型的物品陈列馆，这样的设计令家中充满了创意。

2. 客厅中运用大面积的银箔壁纸来装饰，为居室奠定出华丽的基调；同时又用木材与深色地砖来做平衡，使居室华丽中不带浮夸。

3. 将餐厅的一侧打造成地台，塑造成一个惬意无比的休闲领地，令空间更具层次感。

1. 欧风灯饰的运用，华丽而不张扬；银色的欧风壁纸增加了居室的光感度，亦为空间带来低调的奢华感；色彩浓艳的油画则将空间色彩瞬间变得丰富。

2. 通过楼梯将居室的上下空间进行串联，这样开放式的设计使居室看起来更加通透、明亮。
3. 在楼梯切割出的空间中，设置一个小吧台，令这个本不起眼的角落，有了一种化腐朽为神奇的魔力。

4.卧室没有太多复杂的装饰与搭配，整体显得清爽而素净，却也成就出不一般的美感。

5.卧室中带有独立的卫浴间，令空间的利用率大大提高，也方便了居住者的生活。

1

1. 没有绚烂的色彩，没有跳跃的装饰，将丰富的情感融入简洁的格调中，在此清心，在此阅读。

2. 厨房很好地引入了自然光，加上白色橱柜的运用，整个空间光感十足。

3. 将洗衣机搁置在卫浴间，是非常常规的手法，用水排水十分方便。

4. 浴室中最亮人眼目的无疑是几处木质家具的运用，尤以木质浴缸为甚，独居角落，却气场十足。

5. 大型花瓶与色泽艳丽的插花，为过道空间增加了亮点。

艺术·家
ARTISTIC HOME

设计师简介

冯建耀

冯建耀室内设计公司总裁

一层平面图

二层平面图　　　　三层平面图

户型档案

户型结构：别墅

项目面积：625 ㎡

设计师：冯建耀

主要材料：玻璃、石材、地砖、地毯、
　　　　　壁纸、软包、玻璃砖等

BETTER DESIGN, BETTER LIFE.

设计让生活更美好

推开门，家就像一件闪烁着设计光芒的艺术品。这样的空间中会回荡起伏着一种旋律——细节在设计中低吟浅唱，是设计令简单平凡的家充满艺术气息。转身环顾，或清爽或浓酽的色彩轻舞飞扬，仿佛一场光芒闪耀的华衣舞会……

本案中大量镜面的使用让人产生无限遐想，光与影在整面墙的镜中互相呼应，令这个家不止是浓墨重彩，更充满着艺术气息。

1. 大面积的镜面吊顶与整面墙的玻璃推拉门，令整个空间呈现出非常开阔的姿态。

2. 白色沙发搭配黑色抱枕，装饰手法虽然简单但非常经典；开放式的空间设计也令居室
显得整洁有序。

3. 将客厅安置在花园旁，令屋主安坐于客厅亦能欣赏花园的美景。

1. 在餐厅的一侧放置一架钢琴，既有效地利用了空间，又有怡情的作用。

2. 厨房设有小型吧台，可作早餐区及屋主把酒言欢的地方。

3. 餐厅背景墙将镜面与饰面板相结合，既呈现出自然感，又充满时尚感；同时，水晶吊灯的运用又为空间带了别样的美感。

4. 厨房以特色玻璃趟门作分隔，使厨房与客饭厅贯通，空间增强又可作阻隔油烟之用。

1. 主人房床头板用了米白色扪皮组成，配合着特色贝壳纸皮石饰面，使房间充满着时尚的感觉；同时，在卧室安装了一组书柜及书柜，便于屋主摆放书籍及工作。

2. 在卧室内安装了一个灰玻璃间隔及门通往衣帽间，令居者能够更好地收纳自己的衣物。

3

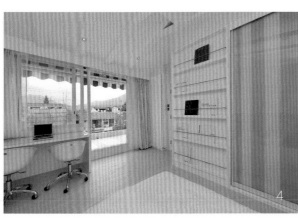

4

5

3. 整间房间的大部分墙身亦用了米白色的简约墙纸，唯独床头板运用了粉蓝软包及条纹壁布装饰，视觉效果上更为突出。

4. 设计师为增加空间感，将吊顶设计为斜顶，并以白色木条作点缀，为女儿房增加独特感觉。

5. 临近女儿房的阳台充分接触户外气息，也成为了平时一家人晒太阳的空间。

1. 黑色的台面石，再利用竖条形状的灰镜及清镜作面盆柜的设计，使整个洗手间的设计更有立体感。

2. 卫浴间主要用了米色及黑色作主调，配以绿植作点缀，营造度假的悠然感觉。

3. 次卫主要用白色及粉红色作主调，整个空间被营造得既舒适，又带有女性的柔美。

4.设计师将户外露台用流水池、户外木、烧烤区及花草树木打造成一处小桥流水、鸟语花香的空间。

5.在玄关处加置了由特色玻璃及橡木造成的透光屏风，令居室更具艺术感；同时搁置了小沙发，可以用来休憩。

6.楼梯运用玻璃和釉面砖来塑造，设计手法非常简单，却与整体空间的格调搭配得恰到好处。

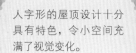

人字形的屋顶设计十分
具有特色，令小空间充
满了视觉变化。

FAMILY ADORNMENT CLASSROOM

家装课堂

现代华丽风格的家居重视功能和空间组织，注意发挥结构构成本身的形式美，虽然造型简洁，反对多余装饰，但是非常崇尚合理的构成工艺，尊重材料的性能，讲究材料自身的质地和色彩的配置效果，并发展了非传统的以功能布局为依据的不对称的构图手法。例如一张沙发、一个茶几、一个造型独特的工艺品就能令客厅显得繁华热闹。

设计师语录

灵性的翅膀可以把每个人心灵深处的渴望变成一个永恒的主题，就像家，不仅是遮风避雨的处所，更是一个久违的梦想。

炫尚空间
FASHION SPACE

设计师简介

由伟壮

由伟壮装饰设计创办人、IFDA 国际室内协
会注册高级设计师

户型档案

户型结构：两室两厅

项目面积：128 ㎡

设计师：由伟壮

主要材料：皮纹砖、地板、陶瓷锦砖、烤漆玻璃、
　　　　　镜面、石膏板等

BETTER DESIGN, BETTER LIFE.

设计让生活更美好

都市人群在文艺与现实中流离，希望在其中释放自我，展现独立个性；除了日常的休闲场所之外，家也成为释放压力的舞台，而炫动、时尚的构思则成就了都市人群的梦想……

本案基于现代主义的提炼和升华，采用现代主义的多线条、硬朗、简约的特点，在空间中留有性格，简约中加入更多的时尚元素、绚丽的色彩造型，因而成为现代主义在空间中的新表达。

1. 玻璃与实木板造型构筑的电视背景墙为居室带来时尚感。

3. 将客厅的一隅抬高，设计成一
处休闲角落，既简单又时尚。在
此还可以充分沐浴到阳光，可谓
一举多得。

2

2. 沙发座椅的色调很好地与
黑色的地毯、黄色木地板相
融合，形成一个完整的整体，
而白色块毯的加入，更好地
划分了空间层次感。

3

1. 书房背景墙告别了传统的书柜，而是采用几何形状的书柜作为装饰，为居室带来了时尚感。

2. 书房最好为独立的空间，但不一定要很私密，可采用玻璃墙或玻璃门将书房与客厅隔断，不仅通透感强，增大了采光面积，还能让主人透过玻璃与家人进行视觉交流。

3. 白色的卧室给人以纯净感，让人在休息的时候能回归最原始的状态。添加红色，则为单调的空间增添了火热与感性。

4. 卫浴的整体线条保持了简单利落的风格。墙面采用陶瓷锦砖全铺的设计手法，让空间呈现出舒适的美感。

2. 厨房利用橱柜的延长而塑造成一个用餐空间，同时背景墙设计成展示架，用来搁置红酒，充分体现出主人的品位。

1. 厨房采用了红白相间的色调，简洁中不失时尚感。

3. 为了避免过道过于单调，因此吊顶被设计得颇具特色，流畅的镜面装饰带来了视觉上的跳跃。

4. 通透的玻璃是居室中非常受欢迎的材质，不仅可以为居室带来时尚感，与其他材质搭配运用还可以将居室塑造得很有韵味。

5. 利用不同材质的装饰材料来作为空间的区分，不仅节约装修成本，也可以带来视觉上的变化。

6. 本案在单调的玄关空间设置了一个个性的装饰物，使空间充满了鲜明的个人风格，强调了家居的装饰性，从而淡化了空间的狭窄与阴暗。

格栅式吊顶提升了空间深度，令客厅气氛格外具有格调。

家装课堂

现代华丽风格的居室重视个性和创造性的表现，即不主张追求高档豪华，而着力表现区别于其他住宅的东西。住宅小空间、多功能是现代华丽室内设计的重要特征。与主人兴趣爱好相关联的功能空间包括家庭视听中心、迷你酒吧、健身角、家庭电脑工作室等。这些个性化的功能空间完全可以按主人的个人喜好进行设计，从而表现出与众不同的效果。

别出心裁的创意设计

用简单的手法、普通的材料创造出别出心裁的效果是创新派的精髓。如黑色与红色的搭配令客厅空间充满个性与时尚感，搭配白色边框，又可以使得吊顶不至于太过阴暗。

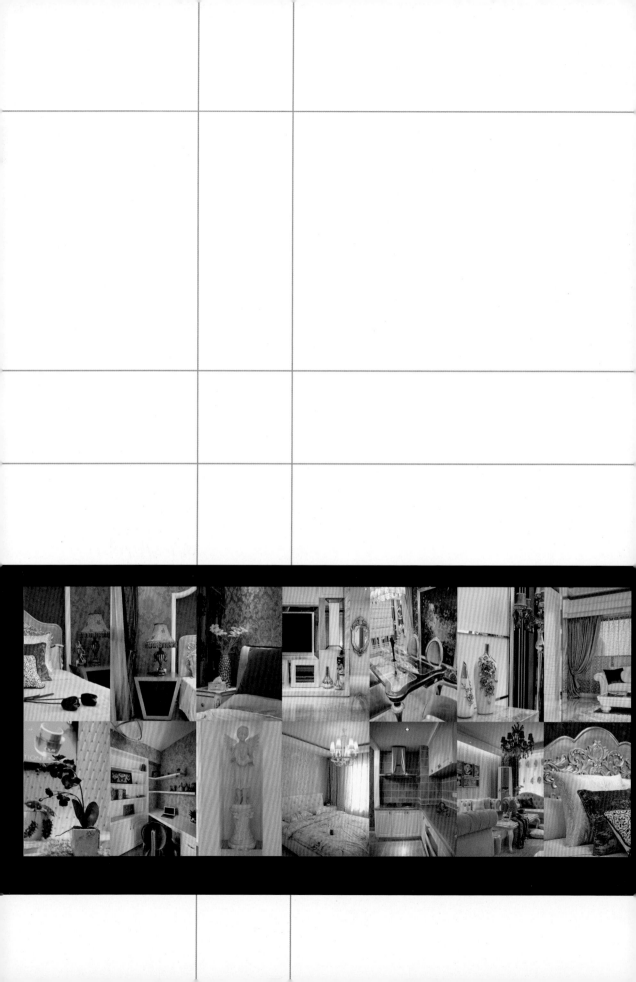

轻奢主义：简欧风格家居 PART 2

假日时光
TIMES HOLIDAY

设计师简介

李海明

南京邦雷装饰设计工程公司 & 李海明室内
空间设计工作室创办人

户型档案

户型结构：三室两厅

项目面积：120 ㎡

设计师：李海明

主要材料：壁纸、石膏板、乳胶漆、
抛光砖等

BETTER DESIGN, BETTER LIFE.

设计让生活更美好

假日，一个人，倚靠着柔软的沙发，沐浴着温暖的阳光，一杯香茗伴着轻轻的音乐，闭上眼睛感悟那份宁静温馨，让美丽的风景融入回忆的诗章，任思绪在阳光下流淌奔放……

本案用色纯雅，仿若时光一样，虽不留痕迹，却有着令人着迷的姿态；所用的软装配饰也不乏精致，低调中透出隐隐的华美。

1. 奢懿优雅的沙发成为空间里的主角，而沙发上随意搁置的坐垫，如同五线谱上最出色的休止符，恰到好处地停在应该的位置。

2. 造型雅致的华丽吊灯从天花垂下，和光洁耀人的地砖，共同携手打造这宁静纯真的气氛。

3. 造型感极强的沙发照片墙，充满艺术感的桌面花瓶，为沙发一隅的空间带来了雅致的格调。

1. 华丽的吊灯与桌面的鲜花，为观者带来了视觉上的美感；英文字母的墙面与顶面则为空间增添了一抹文艺气息。

2. 罗马窗帘以低调的华丽成就了居室轻奢的容颜，而依墙打造的收纳柜又十分实用。

3. 书房非常合理地利用了墙面空间，简单的隔板和嵌入式书柜，无不成为扩大空间的好帮手。

4. 黑白灰相间的厨房因为亮色地毯的加入，而彰显出一抹暖意。

5. 过道的墙面做了装饰造型，令狭小的空间不再单调。

6. 孔雀蓝的壁纸与窗帘交相辉映，共同为卧室带来华贵的气质。

客厅的面积不大，因此用色清雅，而竖条纹的壁纸更是为空间增加了纵深感。

FAMILY ADORNMENT CLASSROOM

家装课堂

简欧风格在保持现代气息的基础上，变换各种形态，选择适宜的材料，再配以适宜的颜色，极力让厚重的欧式家居体现一种别样奢华的"简约风格"。在简欧风格中不再追求表面的奢华和美感，而是更多地解决人们生活的实际问题。例如，在色彩上多选用浅色调，而线条简化的复古家具也是用以区分古典欧式风格的最佳元素。

变化的造型 流动的美感

电视背景墙的造型非常圆润，给人一种流动的美感，艺术感极强的工艺品提升了空间的整体格调。

美式浪漫
AMERICAN ROMANTIC

设计师简介

虞国纶

台北格伦设计资深设计师

户型档案

户型结构：四室两厅

项目面积：230 ㎡

设计师：虞国纶

主要材料：玻璃、大理石、文化砖、
护墙板、壁纸等

BETTER DESIGN, BETTER LIFE.

设计让
生活更美好

美式浪漫不仅仅是粗狂、稚拙的，也可以成为精致、唯美的空间，只要有足够的创意与想象力，就可以无限极地激发当代空间美学的无限可能，营造出自然纯净的空间氛围。

本案以新形态的美式古典为主轴，适度穿插一些流行的、经典的 Loft 时尚元素，令人仿佛拥有置身纽约上城般的浪漫情怀。

1. 以大量优雅白色为基底的客厅场域，流露与众不同的性格张力；沙发背墙使用洋溢 Loft 风味的文化石砖，穿插部分砖块的立体凿痕，并与周边精致唯美的新古典语汇形成鲜明反差。

3. 玄关地面以华贵的棋盘格图案，表现石材渐层的温润质地；大门后方延展的 L 形墙面，精选灰镜导角切割拼贴，进一步放大主客厅过人的轩敞与明亮。

2. 电视背景墙以轻盈的石材边框，融合镜面矩形、艺术线板、文化石、玻璃精品格等多元的机能、视觉变化，赋予主墙两面皆有风景的弹性趣味。

1. 餐厅中可供多人使用的餐桌上方天花板，点缀富丽的巴洛克雕花线条与璀璨水晶灯饰，与特制的双色新古典餐椅相呼应，精致绝伦的工艺细节，让优渥的生活高度表露无遗。

2. 餐厅的一侧设计了一处休闲小空间，净白的文化墙与华丽的镜面营造出纯净又华贵的视觉感官。

3

4

5

3.清雅宜人的主卧室，为现代美式做了全新批注，以丝质绷布加晶钻拉扣技法呈现的床头造型墙，流露兼具细腻与华美的新古典风情。

4.男孩房以浅灰色系文化石诠释床头主墙面，墙上点缀雕刻线板，增添轻华丽的迷人质感。

5.同样个性十足的女孩房融入鲜明的蓝绿色系。床头墙面相似的浮雕因子，延续前后呼应的设计元素。

女性主张
WOMEN'S ADVOCATES

设计师简介

马劲夫

和马室内设计有限公司资深设计师

户型档案

户型结构：三室两厅

项目面积：168 ㎡

设计师：马劲夫

主要材料：镜面、大理石、软包、壁纸等

BETTER DESIGN, BETTER LIFE.

设计让
生活更美好

明快的格调、柔美的色彩、恬静的灯光，这些元素极力彰显出现代女性独特的时尚品位以及高雅的生活情趣。在家中多一些女性主张，无疑是令生活品质得以提升的捷径。

本案无论空间造型再到室内装饰元素，都充满着精致、高雅的女性气派。从空间来说，以开放、明亮为主，再结合华丽、古典的欧式家具及高贵的水晶吊灯，更显出居室的国际品位。

1

1. 家居空间借用女性的眼光，为其画一次彩妆。无论是淡雅的白色，还是优雅的粉紫色，都有着令人无法抗拒的妩媚风情。

2. 纤细弯曲的尖腿茶几很好地体现出女性的柔美。

3. 沙发背景墙运用镜面与软包相结合的形式塑造，既明亮又柔美，再加上层叠的窗帘，尽显视觉美感。

1. 餐厅中干净的色彩柔和而雅致，拼花大理石地砖令餐厅的地面呈现出与众不同的容颜。

2. 主卧中的卫浴间没有做实体墙的分隔，而是用通透的玻璃做区域的区分，不仅时尚，而且令居室更加明亮。

3. 白色系的厨房为了避免单调，采用了雪花白大理石进行色彩上的变化。

4. 主卧背景墙采用方格软包，既美化居室，又有隔音的作用，可谓一举两得。此外，阳台小飘窗则为居室带来悠然的姿态。

1. 金色的软包为次卧室带来了低调的奢华感，紫色的床品则为居室注入了优雅的神秘。

2. 次卧室的设计与主卧室的设计手法相似，使居室的统一感得到了很好的延续。

3. 浴室中设计了两个洗面盆，更加方便了居者在日常中的使用。

4. 黑色的印花壁纸与居室的整体色彩形成了对比，令居室色彩浓淡相宜。

5. 卧室中利用墙面设计成收纳柜，不仅方便了居者拿取衣物，也令居室呈现出干净的容颜。

1.居室的过道充满设计感,尽头的镜面墙起到了放大空间的效果,而拐角处的天使雕像则令空间显得欧风十足。

2.开放式的书房设计简洁,一桌、一椅、一台灯,就营造出一个十分雅致的空间。

3

3. 书房的另一面墙做了常规的设计，将其打造成集收纳与展示并存的柜体，简洁又实用。

客厅与餐厅呈开放式设计，令空间畅通无阻；统一的风格也令居室看起来十分舒服。

FAMILY
ADORNMENT
CLASSROOM

家装课堂

"形散神聚"是简欧风格的主要特点，在注重装饰效果的同时，用现代的手法和材质还原古典气质。简欧风格具备了古典与现代的双重审美效果，完美的结合也让人们在享受物质文明的同时得到了精神上的慰藉。其风格注重装饰效果，用室内陈设品来增强历史文脉特色，往往会照搬古典设施、家具及陈设品来烘托室内环境气氛。

精致的摆设 精致的生活

茶几上摆放的物品十分精致。铁艺烛台、玻璃装饰杯与典雅的茶咖具，无不体现出居者对精致生活的追求。

华丽的梦游
A GORGEOUS SLEEPWALKING

设计师简介

张建

星域空间设计事务所设计总监、中国建筑
装饰协会设计委员会委员

户型档案

户型结构：两室两厅

项目面积：120 ㎡

设计师：张建

主要材料：爵士白大理石、灰色大理石、
水晶吊灯等

BETTER DESIGN, BETTER LIFE.

设计让生活更美好

视觉上的冲击力往往会给人一种过目不忘的感受，为家制造一场视觉盛宴，成为引领生活风尚的手段。不管是五光十色，还是色彩斑斓，只要运用得恰到好处，家就可以成为一场华丽的梦游。

本案在功能上的明确划分和风格上的模糊边界阐释了设计师对整体空间的理解，打造出矛盾与统一的"融合"设计；而闪亮的银色与穿插点缀的斑斓色彩，则让居室成为引人入胜的佳境。

1. 复古的花纹壁纸奠定了华美的基调，通透的玻璃、柔软的天鹅绒、硬朗的大理石材质，对比与融合出一场视觉上的盛宴。

2 造型美观的吊灯与精致的沙发、茶几相搭配，成就出雅致、华丽的家居环境。

3. 采用印花玻璃作为空间的分隔，既美观又有扩大空间的作用，可谓是一举两得。

4. 客厅用混搭手法体现出时尚的都会气质。比如，黑白条纹壁纸与银镜装饰的混搭十分现代，而家具造型又很欧式，搭配在一起，不仅毫不突兀，反而会给人过目难忘的视觉感受。

1. 洗衣机放在靠近水盆旁的橱柜下面，既充分利用了空间，又不影响整体设计感。

2. 餐厅的硬装气质硬朗，所以在家具的造型、壁纸的图案中应大量地运用柔美优雅的曲线破解，平衡整体横平竖直的硬板。在不动声色中达到视觉平衡、以柔克刚的效果。

3.晶钻马赛克与大理石的搭配运用，令卫浴间呈现出既时尚又复古的气质。

4.在临近窗户的位置摆放精致的桌椅，不仅可以用来日常工作，也可以在此欣赏户外的美景，是方便日常生活之举。

金舞银裳
SILVER AND GOLD

设计师简介

祝滔

中国室内设计百强人物、曾获 Idea-Tops
艾特奖入围奖

户型档案

户型结构：两室两厅

项目面积：178 ㎡

设计师：祝滔

主要材料：马赛克拼花、大理石、软包、
车边水银镜等

BETTER DESIGN, BETTER LIFE.

设计让
生活更美好

金色、银色是最能代表奢懿的色彩。在居室中运用这两种色彩来塑造，可以令空间表情彰显出一种炫目的色彩，令居室仿佛穿上了耀眼的华衣，舞动着柔美的身姿……

本案在色彩上大面积运用了米色与银色、金色的搭配，局部点缀一些重色，营造出一种华丽而不失庄重的氛围；并且在材料上同样考虑到风格等因素，运用了一些金属质感的材料，把空间这种霸气的感觉表现得淋漓尽致。

1. 雪花白大理石、软包与华丽灯饰的运用令家居呈现出华贵的气质，而低调的米色又防止了材质所带来的虚华。

2. 过道背景墙用黑色来做区域的划分，并用装饰画和颀长的花盆来丰富空间的表情。

3. 白色与金色相结合的马赛克拼贴背景墙为居室带来视觉上的律动。

1. 餐厅背景墙用车边水银镜来装饰，起到了扩大空间的作用。

2. 厨房的设计非常简洁，干净的色彩令这个"烟熏火燎"之地仿佛安静下来。

3.粉嫩的色彩令卧室呈现出柔和的美感。在此轻眠，心情也随之温柔起来。

4.利用家居中的畸零空间设计出一个小书房，既可以在此阅读，也可以在此工作，可谓十分实用。

5.精致的工艺品与马赛克拼花为居室带来了雅致的格调。

6.过道上既设计了隐藏式衣柜，又有嵌入式鱼缸，既有实用功能，又有装饰功能。

倾城之恋

LOVE IN A FALLEN CITY

设计师简介

老鬼

高级室内建筑师、全国百名优秀室内建筑师

户型档案

户型结构：三室两厅

项目面积：143 ㎡

设计师：老鬼

主要材料：壁纸、艺术涂料、仿古砖、
　　　　　金银箔等

设计让
生活更美好

BETTER DESIGN,
BETTER LIFE.

爱一个人，或许就能记住所有一起度过的点滴时光；爱一件物，或许就能描绘出它所有的细枝末节；爱一个家，或许就没有或许，因为每一寸空间必定有着倾城的心力。

本案将怀古的情怀与当代人对生活的需求相结合，兼容华贵典雅与现代时尚，设计风格无不体现出一种重装饰轻装潢这一原则。室内墙壁挂数幅油画、茶色镜框、精致的吊灯及饰品等，都可以把空间点饰得无比清逸、高雅、尊贵......

1. 金色复古花纹的壁纸与天鹅绒沙发为居室描摹出典雅、高贵的姿态，健康的绿植则为客厅带来盎然的生机。

2. 厨房与餐厅之间不做分隔，这样的设计可以令空间看起来更显通透。此外，在餐厅的墙面装点了优雅的花纹图案壁纸，令空间更显精致唯美，为居室带来雅致的格调。

3. 餐厅的餐具十分精致，体现出主人对高雅生活的需求。

4. 厨房的色彩呈暖色系，令家居环境显得异常温馨。

1. 卧室中的衣柜不仅实用，而且与居室的整体风格十分吻合，呈现出高雅的姿态。

2. 浪漫的玫红色窗帘为居室带来妩媚的风情，精致雕花睡床将居室的格调提升一个档次。

2

3. 不同材质与图案的抱枕为
卧室注入了灵动的表情。

4. 古朴、典雅的欧风台灯与工艺
品将居室精致的情怀展露无余。

1. 次卧的设计延续了主卧的典雅风格，又有新的领悟，舒适的小飘窗令空间多了几份悠然的姿态。

2. 书房颇具格调之美，墙面壁纸深浅搭配，有韵律的变化不会令人感到单调。整体家居力求实用性，没有丝毫多余的用笔，而点缀其间的旧式元素装饰品，则令房间多了些灵动。

3. 一个简朴的白瓷浴缸将生活的舒适尽数呈现。欧式的背景墙与艺术画为空间带来了视觉上的变化。

4. 花纹繁复的装饰镜框令空间体现出高雅的格调。

5. 客卫在用色上较为温暖。靓丽的黄色将整个空间装点得仿佛明媚的阳光午后。

6. 在阳台上摆放座椅和边桌，可以作为临时的会客空间。清新的绿植和精致的花器提升了居室的品位。

空间的色调整体为黄色系，却因点缀了不同纯度和亮度的深色陈设，而显得灵动、自然。

FAMILY ADORNMENT CLASSROOM

家装课堂

家居饰品是为家居作点缀，让家居更显华贵和品位。而如何使家居风格在饰品的衬托作用下表现得淋漓尽致，便是设计者能否驾驭整个空间的体现。在选择饰品时，首要的是同一色系的搭配，色系要相近或者相似，才能和家居在整体搭配上和谐统一，才会产生整体的美。但也有一种特殊的搭配，就是选择颜色反差大的饰品，这就需要设计师有极强的审美和搭配能力了。这种方法运用得好，可能产生极强的视觉震撼力，非常吸引人；反之，则可能零乱不堪，整体感完全丧失。

变化的身姿

背景墙上的数幅油画以及镂空式墙体设计，令空间呈现出时尚而多变的态势。

清雅怡人：北欧风格家居 PART 3

"慢"时光

SLOW TIME

设计师简介

冯建耀

冯建耀室内设计公司总裁

户型档案

户型结构：一室一厅
项目面积：90 ㎡
设计师：冯建耀
主要材料：木材、乳胶漆、强化玻璃等

BETTER DESIGN, BETTER LIFE.

设计让
生活更美好

以清茶为伴，听鸟语啁啾。家的容颜因以人为本的动线设计，删繁就简的收纳技巧，自然透气的装饰材料，开启了一段返璞归真的慢调生活方式……

本案是一个 90 平方米的小户型，一室一厅的空间构成，需要通过设计来分隔出不同的功能区域。因此，大量玻璃和木质隔断的运用，为居室带来丰富、实用的功能区，又因玻璃、实木特有的材质，令空间呈现出一种"慢"调的优雅。即使一个人的时光，也可以充满阳光。

1. 干净的白色布艺沙发，与整体空间的色调吻合，圆形的地毯亦为居室带来了温暖的感觉。此外，宽大舒适的沙发除了可以作为日常休闲之处，也可以作为来客时的临时睡床。

2. 餐桌就位于厨房旁，方便上餐与餐后收拾，非常节省时间。

3. 在客厅后方利用升高木台塑造出的书房小空间里，随意搁置的绿植花卉，为居室带来清新有氧的氛围。闲暇时光坐在柔软的地毯上，读一本喜爱的小说，着实是件惬意无比的事情。

1. 开放式的卧室设计有效地利用了空间，且极具现代感。

2. 卧室的一侧墙面全部采用大落地窗来塑造，大大提升了空间的亮度，使空间看起来更加开阔。置身于这样的空间中，时光仿若也变得明净、通透起来。

3. 玻璃材质通透而精致，为开放式的家居带来更为明快、现代的感觉。此外，这样的设计手法看似简单，却匠心独具。

4

5

4. 玄关处安放了一个创意装饰架，令居室的表情更为丰富。

5. 阳台用实木板材饰面及铺设木地板，为这个与户外充分接触的空间，营造出与自然十分和谐的姿态。

通透的空间设计没有做过多的硬性隔断，却并不杂乱无章，反而呈现出干净、有序的氛围。

FAMILY
ADORNMENT
CLASSROOM

家装课堂

北欧风格设计貌似不经意，一切却又浑然天成。每个空间都有一个视觉中心，而这个中心的主导者就是色彩。北欧风格色彩搭配之所以令人印象深刻，是因为它总能获得令人视觉舒服的效果——多使用中性色进行柔和过渡，即使用黑白灰营造强烈效果，也总有稳定空间的元素打破它的视觉膨胀感，比如用素色家具或中性色软装来压制。

合理规划出的悠然空间

居室的面积有限，因此，合理划分空间显得尤其重要。利用透明的玻璃材质来区分空间是十分讨巧的手段，既使空间看起来更加通透，成本又不高。

净白空间
WHITE SPACE

设计师简介

廖奕权

维斯林室内建筑设计有限公司创意及执行总监

户型档案

户型结构：四室两厅

项目面积：200 ㎡

设计师：廖奕权

主要材料：实木地板、黑镜、壁纸、乳胶漆、
马赛克瓷砖等

BETTER DESIGN, 设计让 BETTER LIFE.
生活更美好

空间内的白色隐匿于平静之下，潜藏着巨大的能量，弥漫着一种特别宁静的感觉，没有忽起忽落的情绪冲突，一切如水般平静，却又润泽柔顺。这样的空间，不以绚丽夺人眼目，也不招摇过市引人关注。空间内每一样家具，甚至配饰，都安安静静地呈现，低调而又令人心生喜爱。生活，就应像这一温雅的空间，慢慢地流淌……

本案透过引入光线、扩阔空间等设计元素，令空间富有独特的清新气息，成功营造出一个自然却又不失雅致的生活环境。

1. 空间的色彩十分干净，大落地窗又将光线很好地引入室内，整个居室流露出一种令人沉迷的安然。

2. 沙发背景墙与电视背景墙都做了强大的收纳设计，令空间表情显得整洁而有序。

3. 跟广阔沙发互相呼应的，是坐落在客厅后方纵横交错的储物装置。装置上闪亮的黑色趟门，跟柔软的沙发形成有趣又悦目的对比。

4. 电视背景墙的造型简洁，却很有格调，这来源于和谐的色彩搭配以及优雅兰花的装点。

1. 开放式的客餐厅令空间更加地开阔。长方形的木质餐桌非常大气实用。

2. 玄关处的照片墙为居室带来丰富的视觉效果。矮柜的设计既有收纳功能，又可以成为平时换鞋的临时座椅。

3. 对称式的家具摆放令空间显得十分整洁，干净的颜色则令居者身心俱畅。

4. 在卧室的一角摆放上一个舒适的单人沙发，既可以作为会客的场所，也可以作为平时休闲小坐的地方。

1

1. 临床的墙面设计出一个工作台面，非常节约空间，而大面积的墙面书柜则有着十分强大的收纳功能。

2. 绿色系的色调对视力较为有利，并且令空间拥有了勃勃的生机。

3. 卧室的一面墙具有多重功能，不仅可以成为记录场所，大面积的镜子也方便了日常的梳妆。

2

3

4. "一"字形的厨房令空间动线十分顺畅,方便主妇的日常工作。

5. 跳跃的马赛克瓷砖装点出的墙面,与之接触,目光也随之跳起舞来。

6. 两扇窗户为卫浴带来了良好的通风,也令阳光可以照射进来,降低了空间的潮湿度。

7. 红色系为居室带来了活跃的氛围,造型镜面令空间的表情更为丰富。

2

3

1. 利用走廊的空间打造出一排收纳柜，让走廊兼具储藏室的功用，来收纳被褥等物品，为居室增加了更多的可用空间。

2. 通往卧室的过道虽然狭窄，但干净的颜色却起到了放大空间的效果。

3. 整体以白色为主调的玄关中，用自然感十足的木地板作为点缀，令这一小空间拥有丰富的层次感且不显杂乱。

旧梦恋曲
DREAMS OF LOVE

户型档案

户型结构：两室两厅

项目面积：102 ㎡

设计师：蔡昀璋

主要材料：白色文化石、德国超耐磨木地板、
　　　　　结晶钢烤面板、硅钢石、瓷砖、
　　　　　低甲醛乳胶漆、烤漆玻璃等

BETTER DESIGN,
设计让
BETTER LIFE.
生活更美好

家仿若是一支前尘旧梦中奏响的恋曲，唯美中隐藏着欲语还休的温柔，在这里藏匿满怀的秘密与深情。摹画与雕琢，小心与精心，一切的一切，只为我因你而动情。

本案利用不折不扣的空间规划，刚柔并济的材料搭配，简洁流畅的设计手法，纯色与木色的相融相成，令静谧的居室无处不表达出一种对精致生活的极致追求，仿若一曲旧年中的恋曲，隐隐浮动着温柔。

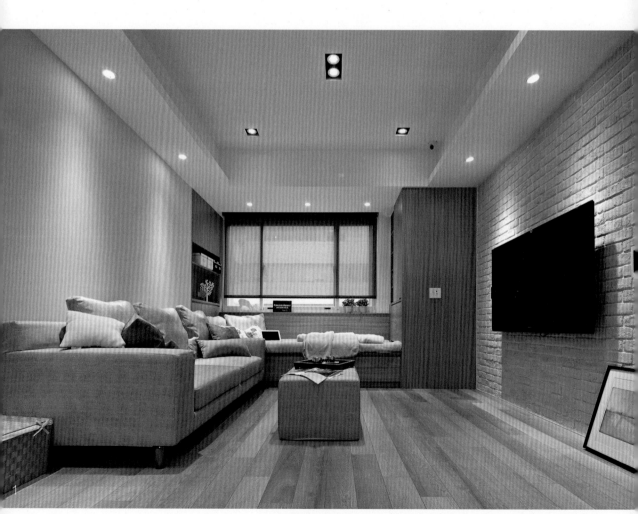

1. 采光良好的客厅空间，搭配简约的北欧风设计及质朴的文化石墙面，呈现温馨舒适的居家风格。

2. 运用单一浅色系让空间舒适宽敞，搭配采光则能让空间有放大感，并使用鲜艳色彩的装饰画来丰富空间表情。

3. 在客厅的窗户下方增设矮柜，铺上垫子就是临时卧榻，既满足了收纳，又为家中增添了一方休憩空间。

1. 拙朴的木质餐桌令用餐环境舒缓而灵动，而餐桌上不同类别的餐具及装饰，则令用餐区域情趣顿生，使得空间中写意、雅趣的气氛自然散发开来。

2. 用充满自然气息的木色来淡化量体，令空间不显拥挤的同时，还散溢出浓郁的拙朴气息。

3.临近餐厅的空间做了与客厅相似的设计，木质的收纳柜与阳台矮柜，无不为居室增加了收纳功能。

4.餐厅与厨房相连，方便上餐。木色与白色的搭配使用，令空间看起来自然而干净。

1. 使用浅色系家具、墙面与地板装饰，这种单一色系的运用可降低因空间不足而造成的压迫感。

2. 衣帽间的分类明晰，衣物等物品各安其所，非常方便主人的拿取。

3. 木色与白色的使用令卧室呈现出非常柔和的表情。床边的藤制收纳篮也不动声色地吻合着居室的基调。

4. 淋浴式沐浴间非常节省空间。洗漱区、沐浴区、如厕区呈三角形的设计也有效地规划了使用空间。

5. 卫浴间利用墙面安置收纳柜，这种向上借空间的装饰是合理利用空间的绝佳手法。

6. 用白色乳胶漆塑造的墙面固然可以给人清爽的视觉享受，并且节约预算，但却有着令家居表情过于单一的弊端。这时不妨在墙面上挂几幅木框装饰画，既不会过多地增加成本，又能丰富空间的表情。

在居室的一侧墙面打造一个收纳柜，既能装点家居，又有强大的实用功能，一举两得。

FAMILY
ADORNMENT
CLASSROOM

家装课堂

北欧风格注重的是饰，而不是装。北欧的硬装大都很简洁，室内白色墙面居多。早期在原材料上更追求原始天然质感，譬如说实木、石材等，没有繁琐的吊顶；后期的装饰非常注重个人品位和个性化格调，饰品不会很多，但很精致。

设计师语录

居室不一定要塑造得十分华丽，对于主人来说，怎样表达喜爱的生活方式，令自己在其中感受舒适，才是最重要的。

斯堪的纳维亚印象
SCANDINAVIAN IMPRESSION

设计师简介

周建志

春雨时尚空间设计资深设计师

户型档案

户型结构： 三室两厅

项目面积： 80 ㎡

设计师： 周建志

主要材料： 天然木皮、文化石、环保漆、铁件、
优质系统柜、超耐磨宽版地板等

BETTER DESIGN, BETTER LIFE.

设计让
生活更美好

尽管窗外是湛蓝的艳阳天，飙高的气温，却毫不影响屋子里轻透无瑕的纯净之美。这就是斯堪地风格设计带来的震撼。

本案是一个面积不大的小户型，却通过微调格局、重作空间分配，并成功运用退缩或减去部分房间隔墙的技巧，巧妙放大了居室的使用范围。同时发挥想象力在转角畸零、走廊沿线等处，打造数座别致、实用又不占空间的收纳柜，量身订制的独家创意令人叹为观止。特别是空间中散发着北欧一贯自由且迷人的气氛，更让人有种宛如亲临斯堪地半岛的心旷神怡。

1. 电视背景墙没做过多的造型，仅用电视柜和小书架来进行装饰，却方便了居室中一些小物件的收纳。

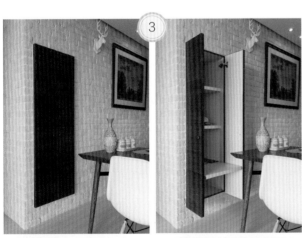

2. 客、餐厅之间弧形壁炉、柴堆、木头家具、砖墙以及点缀墙面的金属锚型挂钩等元素，都是以象征性语汇引发风情联想力的暗示。

3. 利用餐厅背景墙"挖掘"出一个收纳柜，不仅充分地利用了家中的隐性空间，而且可以帮助完成锅碗盆盏等物品的收纳。

4. 厨房经餐厅转进走廊的连续墙面选用米白文化石来勾勒，并与公共区域周边立面使用的橄榄绿刷漆相辉映，空气中缓缓流动着难以言喻的静谧恬美。

1. 卧室的角落摆放上桌椅，可以用来当做工作区域；桌面的镜子，又可为这一空间带来梳妆的功能。

2. 床头墙面延续文化石质感，腰线以下融入木头格栅，点出自然温度，与床尾特制大型木制衣柜相呼应，也为日常拿取衣物提供了方便。

3. 清爽的次卧室以白色为视觉基调，给人一种明净、通透的感觉。

4. 床尾的衣柜可两面使用；柜体刻意不做满，保留视线向上延展的弹性。设身处地的贴心设想，让生活的惬意感从此源源不断。

1. 书房中运用轻柔的橄榄色进行装饰，有助于用眼健康。

2. 书房中加大的入口处搭配厚实的木头拉门与刻意退缩以加厚结构力道的圆拱造型，巧妙打开廊道面宽并有效缩减距离感，令小空间里洋溢着美轮美奂的轻柔旋律。

3. 玄关一进门不做刻意区隔，带出令人印象深刻的通透视野；并在壁炉与高柜之间，点缀极富意象的柴堆、灯光展示格，兼顾美感与实用价值，赋予玄关入内连续面最美的想象空间。

4. 利用过道墙面打造出一处隐性装饰空间，用来摆放书籍和工艺品，既美观又实用。

5. 过道延续室内装饰风格，白色文化砖和橄榄绿墙面带给人视觉上的纯净感。

开放布局的客餐厅，无论是硬装，还是软装，都很丰富，却丝毫没有凌乱感。

FAMILY
ADORNMENT
CLASSROOM

家装课堂

天然材料是北欧风格室内装修的灵魂。如木材、板材等，其本身所具有的柔和色彩、细密质感以及天然纹理非常自然地融入到家居设计之中，展现出一种朴素、清新的原始之美，代表着独特的北欧风格。另外，"以人为本"则是北欧家具设计的精髓。北欧家具不仅追求造型美，更注重从人体结构出发，讲究它的曲线如何与人体接触时达到完美的结合。它突破了工艺、技术僵硬的理念，融进人的主体意识，从而变得充满理性。

自然元素灯饰为居室带来雅趣

餐厅处以一盏黑网吊灯辅助餐桌椅定位。如树枝般投影于天花板的剪影十分有趣。

静数流年
STATIC NUMBER OF FLEETING

设计师简介

王飞

中国建筑学会室内设计分会会员、IFDA 国际室内装饰设计协会会员

户型档案

户型结构：三室一厅

项目面积：130 ㎡

设计师：王飞

主要材料：墙纸、釉面砖、抛光砖、
　　　　　乳胶漆等

BETTER DESIGN,
BETTER LIFE.

设计让生活更美好

　　摒弃了色彩艳丽的纷杂，只留下通透、明净的空间，任阳光倾洒。在此地倾听一曲流年里的欢歌，静数一段岁月尘封里的梦想，将近在咫尺的喧嚣隔绝在天涯。

　　本案运用干净的白色，在扩大视觉空间的同时，而又营造出简单不失典雅、纯朴不失时尚的格调。整体设计简单直白，毫不造作，却能让人在此静数一段流年里的安静时光。

1. 客厅作为家居生活的核心空间，其格调定位了整体家居的表情。嘈杂都市之外，一处充溢闲适的空间，可令人倍感安然。
2. 客厅用清爽的色彩增加室内亮度，用舒适的沙发领悟乐活的概念，为居室带来如若时光曲般的悠然感觉。
3. 沙发后的绿植以健康的姿态而成为居室中最动人的点睛之笔。

1. 墙面半开放的电视背景墙不仅令空间显得开阔，并且还充分运用了空间，增加了空间中的功能性。

2. 客厅后面的小空间被塑造成一处充满童趣的空间，多样的装饰带给居室百变的容颜。

3.餐厅用干净的白色调营造雅致的氛围，用造型简洁的木质桌椅领悟自然的理念，为居室带来如若清唱般的纯粹。

4.卧室用简约的理念减去繁琐的装饰，用缥缈的轻纱窗帘采撷恬然的情思，为居室带来如若梦境般的唯美。

5.次卧干净而充满生机，这样的感觉来源于绿色床品的运用。

纯白的卫浴空间，通透得一尘不染，连家中的宠物都在此流连忘返。